"Alla scoperta

dell'Intelligenza

Artificiale: Un viaggio tra

la scienza e

l'innovazione"

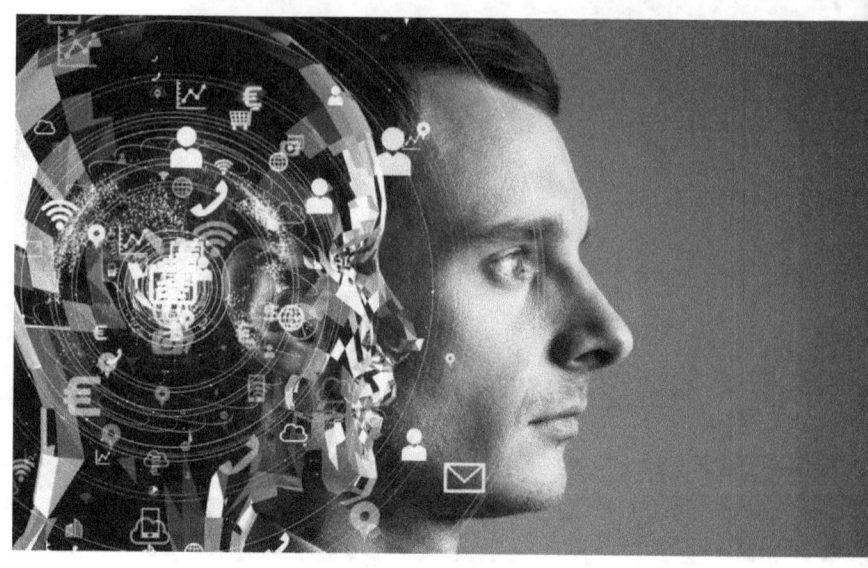

Sommario:

In questo libro, esploreremo

l'affascinante mondo dell'Intelligenza

Artificiale, dai suoi fondamenti teorici

alle sue applicazioni pratiche.

Esamineremo le diverse forme di

Intelligenza Artificiale, come le reti

neurali artificiali e l'apprendimento automatico. Esploreremo anche il ruolo dell'Intelligenza Artificiale in settori come la visione artificiale, il linguaggio naturale, la robotica, il settore medico, il settore finanziario, il settore dei trasporti e molti altri.

Discuteremo anche le implicazioni etiche dell'Intelligenza Artificiale e i rischi e le sfide che essa può presentare. Esploreremo le possibili prospettive future dell'Intelligenza

Artificiale e come potrebbe influenzare il nostro modo di vivere e lavorare.

Questo libro è destinato a coloro che sono interessati a comprendere meglio l'Intelligenza Artificiale e come sta cambiando il mondo che ci circonda. Offrirà una panoramica completa delle sue basi scientifiche, delle sue applicazioni attuali e future

e delle discussioni etiche che la

circondano.

Spero che questo libro sia in grado

di stimolare la vostra curiosità e di

fornirvi una solida base di

conoscenza sull'Intelligenza

Artificiale e le sue implicazioni.

Buon viaggio nel mondo

dell'Intelligenza Artificiale!

Capitolo 1: Introduzione all'Intelligenza Artificiale

Sebbene l'Intelligenza Artificiale (IA) sia diventata un termine di uso comune, è fondamentale avere una comprensione approfondita dei suoi principi fondamentali, delle sue origini e delle sue potenzialità. Nel primo capitolo di questo libro, ci immergeremo nel mondo dell'IA, esaminando gli aspetti chiave che ne definiscono la natura e le sfide associate alla sua implementazione.

1.1 Definizione di Intelligenza Artificiale

Inizieremo definendo l'IA come il campo dell'informatica che si concentra sulla creazione di macchine o sistemi in grado di eseguire attività che richiedono intelligenza umana. Questo significa che l'IA mira a sviluppare algoritmi e modelli che consentano alle macchine di apprendere, ragionare, percepire e prendere decisioni in modo autonomo.

1.2 Storia dell'Intelligenza Artificiale

La storia dell'IA risale agli anni '50, quando i ricercatori cominciarono a interrogarsi sulla possibilità di creare macchine in grado di simulare l'intelligenza umana. Alan Turing fu uno dei primi a proporre il concetto di "macchine pensanti" e a formulare il celebre test di Turing per valutare l'intelligenza di una macchina. Da allora, gli studi e le ricerche sull'IA hanno subito un notevole sviluppo, passando attraverso diverse fasi, come l'IA simbolica, l'IA connessionista e l'IA basata sull'apprendimento automatico.

1.3 Intelligenza Debole vs Intelligenza Forte

Un importante punto di discussione nell'IA riguarda la distinzione tra intelligenza debole e intelligenza forte. L'intelligenza debole si riferisce a sistemi o applicazioni specifiche che sono progettati per risolvere compiti ben

definiti, come il riconoscimento del linguaggio

naturale o il gioco degli scacchi. Questa forma

di IA è ampiamente utilizzata nella nostra vita

quotidiana, e molti dei suoi successi si basano

sull'apprendimento automatico e

sull'elaborazione dei dati.

D'altra parte, l'intelligenza forte è un concetto

più ambizioso, che si riferisce a sistemi in

grado di raggiungere e superare l'intelligenza

umana in una vasta gamma di compiti.

L'intelligenza forte richiede una comprensione

approfondita della cognizione umana e la

capacità di applicare tale comprensione in

modo flessibile. Nonostante i notevoli

progressi, l'intelligenza forte rimane un

obiettivo lontano e presenta ancora molte sfide

da superare.

1.4 Applicazioni dell'Intelligenza Artificiale

L'IA trova applicazione in molteplici settori e

discipline. Esploreremo alcune delle sue

principali applicazioni:

1.4.1 Visione artificiale

La visione artificiale mira a sviluppare algoritmi

e sistemi che consentano alle macchine di

comprendere e interpretare immagini

e video. Questo campo è fondamentale per

applicazioni come l'analisi delle immagini mediche, il riconoscimento facciale, la sorveglianza di sicurezza e la guida autonoma.

1.4.2 Elaborazione del linguaggio naturale

L'elaborazione del linguaggio naturale (NLP) si occupa dell'interazione tra computer e linguaggio umano. L'obiettivo è consentire alle macchine di comprendere, interpretare e generare il linguaggio umano in modo naturale. Le applicazioni includono la traduzione automatica, l'assistenza virtuale, la generazione di contenuti testuali e l'analisi dei sentimenti.

1.4.3 Robotica

L'IA è essenziale nel campo della robotica, consentendo ai robot di percepire l'ambiente circostante, prendere decisioni e interagire con gli esseri umani in modo sicuro ed efficiente. La robotica ha applicazioni in settori come l'automazione industriale, la chirurgia assistita e l'assistenza agli anziani.

1.4.4 Apprendimento automatico

L'apprendimento automatico (Machine Learning, ML) è una branca dell'IA che si concentra sullo sviluppo di algoritmi e modelli che consentono alle macchine di imparare dai dati e migliorare le loro prestazioni nel tempo. L'apprendimento automatico è alla base di molte applicazioni dell'IA, come i sistemi di raccomandazione, l'analisi dei dati, la previsione e il riconoscimento di pattern.

1.4.5 Intelligenza Artificiale etica

Con l'aumento dell'uso dell'IA, è emersa la necessità di considerare gli aspetti etici e sociali della sua implementazione. L'IA etica si concentra su questioni come la privacy dei dati, il bias algoritmico, la responsabilità e l'impatto socio-economico dell'IA sulla società.

1.5 Sfide dell'Intelligenza Artificiale

Nonostante i notevoli progressi nell'IA, ci sono ancora diverse sfide da affrontare. Alcune delle principali sfide includono:

1.5.1 Spiegabilità dell'IA

Molte delle tecnologie dell'IA, come le reti neurali profonde, sono complesse e difficili da interpretare. La spiegabilità dell'IA riguarda la capacità di comprendere e spiegare i processi decisionali delle macchine in modo chiaro e trasparente.

1.5.2 Etica e responsabilità

L'IA solleva questioni etiche importanti, come la privacy dei dati, il controllo e la responsabilità delle decisioni prese dalle macchine. È necessario sviluppare norme e linee guida che regolamentino l'uso responsabile e etico dell'IA.

1.5.3 Bias algoritmico

Gli algoritmi dell'IA possono riflettere i pregiudizi presenti nei dati di addestramento, causando discriminazioni o ingiustizie. È essenziale affrontare il problema del bias algoritmico e sviluppare strategie per mitigarlo.

1.5.4 Impatto sull'occupazione

L'implementazione diffusa dell'IA ha il potenziale per automatizzare molte attività umane, con un possibile impatto sull'occupazione. È importante considerare il cambiamento del mercato del lavoro e

sviluppare strategie per mitigare gli effetti

negativi.

Capitolo 2: Fondamenti dell'Intelligenza

Artificiale

Nel secondo capitolo di questo libro

sull'Intelligenza Artificiale, approfondiremo i

fondamenti teorici e pratici che stanno alla base dell'IA. Esploreremo le principali tecniche e approcci utilizzati nell'IA, nonché le loro applicazioni e limitazioni.

2.1 Rappresentazione della conoscenza

La rappresentazione della conoscenza è un elemento fondamentale dell'IA. Perché una macchina possa "comprendere" e "ragionare" come un essere umano, è necessario fornirle un modo di rappresentare e manipolare la conoscenza. Ci sono diverse modalità di rappresentazione, tra cui:

2.1.1 Rappresentazione logica

La rappresentazione logica utilizza il formalismo della logica matematica per rappresentare la conoscenza attraverso proposizioni, predicati e regole di inferenza. Questo approccio consente di ragionare in modo formale e dedurre nuove informazioni da quelle esistenti.

2.1.2 Rappresentazione basata su grafi

La rappresentazione basata su grafi utilizza il concetto di nodi e archi per rappresentare la conoscenza. I nodi rappresentano gli oggetti o i concetti, mentre gli archi rappresentano le relazioni tra di essi. Questa rappresentazione è utile per modellare reti di conoscenza complesse e relazioni complesse tra entità.

2.1.3 Rappresentazione basata su frame

La rappresentazione basata su frame organizza la conoscenza in strutture chiamate "frame". Un frame contiene informazioni su un concetto specifico, come attributi, relazioni e azioni associate ad esso. Questo approccio è utile per rappresentare la conoscenza in modo più strutturato e contestualizzato.

2.2 Approcci all'Intelligenza Artificiale

Esistono diversi approcci e paradigmi nell'IA che consentono alle macchine di apprendere, ragionare e prendere decisioni. Alcuni dei principali approcci includono:

2.2.1 Intelligenza Artificiale simbolica

L'IA simbolica si basa sulla rappresentazione e manipolazione di simboli e regole logiche. Questo approccio mira a creare sistemi che possano ragionare in modo simile a un essere umano, utilizzando algoritmi di inferenza logica e manipolazione dei simboli.

2.2.2 Apprendimento automatico

L'apprendimento automatico (Machine Learning, ML) è una branca dell'IA che si concentra sullo sviluppo di algoritmi che consentono alle macchine di apprendere dai dati. Ci sono diversi tipi di apprendimento automatico, tra cui:

2.2.2.1 Apprendimento supervisionato

L'apprendimento supervisionato coinvolge l'addestramento di un modello utilizzando dati etichettati. Il modello impara a riconoscere pattern e fare previsioni basandosi sugli esempi forniti. Questo approccio è ampiamente utilizzato in applicazioni come il riconoscimento di immagini e il riconoscimento del linguaggio naturale.

2.2.2.2 Apprendimento non supervisionato

L'apprendimento non supervisionato coinvolge l'addestramento di un modello utilizzando dati non etichettati. Il modello cerca di trovare pattern o strutture nascoste nei dati senza l'aiuto di etichette. Questo approccio è utile per la scoperta di informazioni nascoste o per la segmentazione dei dati in gruppi omogenei.

2.2.2.3 Apprendimento per rinforzo

L'apprendimento per rinforzo coinvolge l'addestramento di un agente che apprende a prendere decisioni in un ambiente dinamico. L'agente impara a massimizzare una ricompensa attraverso l'interazione con l'ambiente, cercando di scoprire la migliore strategia di azione.

2.2.3 Reti neurali artificiali

Le reti neurali artificiali sono modelli matematici ispirati al funzionamento del cervello umano. Queste reti sono composte da nodi artificiali chiamati "neuroni" e collegamenti pesati tra di essi. Le reti neurali sono ampiamente utilizzate in molte applicazioni dell'IA, come il riconoscimento di immagini, il riconoscimento vocale e la traduzione automatica.

2.3 Limitazioni dell'Intelligenza Artificiale

Nonostante i notevoli progressi, l'IA presenta ancora alcune limitazioni e sfide da superare:

2.3.1 Dati di addestramento limitati

Molti algoritmi di apprendimento automatico richiedono un'ampia quantità di dati di addestramento per raggiungere prestazioni ottimali. La raccolta e l'etichettatura di grandi quantità di dati possono essere costose e laboriose.

2.3.2 Bias algoritmico

Gli algoritmi di IA possono essere soggetti a bias, riflettendo i pregiudizi presenti nei dati di addestramento. Questo può portare a decisioni discriminatorie o ingiuste, che devono essere gestite e mitigate.

2.3.3 Spiegabilità e interpretabilità

Alcuni approcci dell'IA, come le reti neurali profonde, possono essere difficili da interpretare e spiegare. La mancanza di spiegabilità può limitare la fiducia e l'adozione dell'IA in settori critici come la medicina e la giustizia.

2.3.4 Etica e responsabilità

L'IA solleva importanti questioni etiche e responsabilità. Ci sono sfide riguardanti la privacy dei dati, la responsabilità delle decisioni prese dalle macchine e l'impatto socio-economico dell'IA sulla società. È fondamentale sviluppare politiche e linee guida che regolamentino l'uso responsabile dell'IA.

Capitolo 3: Applicazioni dell'Intelligenza Artificiale

Nel terzo capitolo di questo libro

sull'Intelligenza Artificiale, esploreremo le

molteplici applicazioni pratiche dell'IA in diversi

settori. L'IA ha dimostrato di avere un impatto

significativo in vari ambiti, migliorando

l'efficienza, l'accuratezza e l'automazione di numerose attività. Esamineremo alcune delle principali applicazioni dell'IA, evidenziando come stanno trasformando le industrie e la vita quotidiana.

3.1 Medicina e assistenza sanitaria

Il settore della medicina e dell'assistenza sanitaria ha beneficiato enormemente dell'IA. Alcune delle applicazioni includono:

3.1.1 Diagnosi e assistenza medica

L'IA può aiutare i medici nella diagnosi di malattie, analizzando i sintomi dei pazienti, l'immagine medica e i dati dei test. Algoritmi di apprendimento automatico possono identificare pattern e segni precoci di patologie, fornendo una diagnosi più rapida ed accurata.

3.1.2 Terapia personalizzata

L'IA può aiutare a sviluppare terapie personalizzate per i pazienti, analizzando dati genetici, storico medico e risposte a trattamenti precedenti. Ciò consente di ottimizzare i risultati terapeutici e ridurre gli effetti collaterali.

3.1.3 Robotica chirurgica

La combinazione di robotica e IA consente

l'esecuzione di procedure chirurgiche precise e minimamente invasive. I robot chirurgici assistiti dall'IA possono migliorare la precisione dei movimenti, consentendo interventi più sicuri ed efficienti.

3.2 Trasporti e logistica

Nel settore dei trasporti e della logistica, l'IA offre diverse opportunità di miglioramento:

3.2.1 Guida autonoma

L'IA è fondamentale nello sviluppo di veicoli autonomi. I sistemi di guida autonoma utilizzano sensori, algoritmi di apprendimento automatico e mappe digitali per rilevare l'ambiente circostante e prendere decisioni di guida in tempo reale, aumentando la sicurezza e l'efficienza del trasporto.

3.2.2 Ottimizzazione delle rotte e della logistica

L'IA può aiutare a ottimizzare le rotte di consegna, riducendo i tempi di viaggio e i costi. Gli algoritmi di IA analizzano i dati sul traffico, le condizioni stradali e le richieste di consegna per determinare le migliori strategie di percorso e distribuzione delle risorse.

3.3 Finanza

Nel settore finanziario, l'IA sta portando

innovazioni significative:

3.3.1 Previsione dei mercati finanziari

L'IA può analizzare i dati storici dei mercati finanziari, i pattern di trading e le notizie per prevedere l'andamento futuro dei mercati. Ciò aiuta gli investitori a prendere decisioni più informate e a gestire il rischio.

3.3.2 Rilevamento delle frodi

Gli algoritmi di apprendimento automatico possono individuare schemi e comportamenti sospetti nelle transazioni finanziarie, aiutando a prevenire frodi e attività illegali. L'IA consente una rapida identificazione di transazioni non autorizzate o anomale, riducendo le perdite finanziarie.

3.4 Assistenza virtuale e chatbot

Gli assistenti virtuali e i chatbot basati sull'IA stanno diventando sempre più comuni nel supporto ai clienti e nelle interazioni con gli utenti. Questi sistemi utilizzano algoritmi di elaborazione del linguaggio naturale e di apprendimento automatico per comprendere e rispondere alle domande degli utenti, fornendo assistenza immediata e personalizzata.

3.5 Altre applicazioni

Oltre ai settori sopra menzionati, l'IA ha

impatto in molti altri ambiti, come l'istruzione, la produzione, l'energia e l'ambiente. Alcuni esempi includono:

3.5.1 Educazione personalizzata: L'IA può adattare i materiali didattici e le strategie di insegnamento in base alle esigenze di apprendimento individuali degli studenti.

3.5.2 Controllo di qualità e manutenzione predittiva: L'IA può monitorare e analizzare i dati di produzione per identificare potenziali problemi o guasti nelle attrezzature e nei processi, consentendo interventi preventivi e una maggiore efficienza.

3.5.3 Gestione dell'energia: L'IA può ottimizzare l'utilizzo delle risorse energetiche, riducendo i costi e l'impatto ambientale.

In questo capitolo, abbiamo esplorato una vasta gamma di applicazioni dell'IA in settori come la medicina, i trasporti, la finanza e molti altri. Questi esempi illustrano come l'IA sta trasformando e migliorando diverse industrie e aspetti della vita quotidiana. Continueremo ad approfondire ulteriormente queste applicazioni nei capitoli successivi, esplorando le sfide e le opportunità che comportano.

Capitolo 4: Etica e sfide dell'Intelligenza Artificiale

Nel quarto capitolo di questo libro sull'Intelligenza Artificiale, affronteremo il tema cruciale dell'etica e delle sfide associate all'IA. Mentre l'IA offre molte opportunità e vantaggi, solleva anche interrogativi etici complessi e presenta diverse sfide che devono essere affrontate per garantire un utilizzo responsabile e sicuro dell'IA.

4.1 Bias algoritmico e giustizia sociale

Uno dei principali problemi etici nell'IA è il bias algoritmico. Gli algoritmi di apprendimento automatico possono essere influenzati da dati di addestramento sbilanciati o pregiudizievoli, portando a decisioni discriminatorie o ingiuste. Questo può avere un impatto negativo sulla giustizia sociale, ad esempio nei sistemi di reclutamento, nell'erogazione dei prestiti o nelle decisioni giudiziarie. È fondamentale affrontare il bias algoritmico attraverso l'adeguata selezione dei dati di addestramento, la revisione e la validazione delle decisioni algoritmiche e la trasparenza nel processo decisionale.

4.2 Privacy dei dati

L'IA richiede grandi quantità di dati per l'addestramento e l'apprendimento. Tuttavia, questo solleva preoccupazioni sulla privacy dei dati personali. È importante garantire che i dati siano raccolti, utilizzati e conservati in conformità con le leggi sulla privacy e che siano adottate adeguate misure di sicurezza per proteggere i dati sensibili. Inoltre, bisogna prestare attenzione alle possibili violazioni della privacy quando si condividono dati tra diversi attori nell'ecosistema dell'IA.

4.3 Responsabilità delle decisioni algoritmiche

L'IA può prendere decisioni che hanno un impatto significativo sulla vita delle persone, come la valutazione del credito, la selezione del personale o la diagnosi medica. Tuttavia, la responsabilità di queste decisioni è spesso un problema complesso. Chi è responsabile se un algoritmo prende una decisione errata o discriminatoria? È importante stabilire chi è responsabile delle decisioni algoritmiche e definire meccanismi per la rendicontazione, la responsabilizzazione e la correzione degli errori.

4.4 Impatto economico e sociale

L'IA ha il potenziale per automatizzare molte attività umane, con possibili implicazioni sull'occupazione. Mentre alcuni lavori possono essere sostituiti dall'automazione, nuove opportunità di lavoro possono emergere nel campo dell'IA. Tuttavia, è importante sviluppare strategie per mitigare gli effetti negativi sull'occupazione e garantire una transizione equa per i lavoratori colpiti. Ciò potrebbe includere la riqualificazione professionale, politiche di sostegno al reddito o la creazione di nuove opportunità di lavoro nell'ambito dell'IA.

4.5 Trasparenza e spiegabilità

Molti algoritmi di IA, come le reti neurali profonde, possono essere difficili da interpretare e spiegare. Questo solleva preoccupazioni riguardo alla trasparenza delle decisioni algoritmiche. È importante sviluppare approcci che consentano di comprendere e

spiegare il ragionamento dell'IA, specialmente

in settori critici come la medicina o la giustizia.

La spiegabilità aiuta a garantire la fiducia degli

utenti e dei decisori umani nell'uso dell'IA.

4.6 Aspetti legali ed etici

L'IA solleva anche importanti questioni legali

ed etiche. Ad esempio, come dovrebbero

essere regolamentate le tecnologie dell'IA?

Quali sono i limiti dell'IA in termini di sfera di

autonomia e responsabilità? Come

dovrebbero essere affrontate le implicazioni

etiche dell'IA in settori sensibili come la

sicurezza e la privacy? È cruciale sviluppare

normative e linee guida che affrontino questi

problemi e promuovano l'uso etico e responsabile dell'IA.

In questo capitolo, abbiamo esplorato le questioni etiche e le sfide associate all'IA. Il bias algoritmico, la privacy dei dati, la responsabilità delle decisioni algoritmiche, l'impatto economico e sociale, la trasparenza e la spiegabilità, nonché gli aspetti legali ed etici sono solo alcuni dei temi cruciali che richiedono attenzione nell'adozione e nell'implementazione dell'IA. Affrontare queste questioni è fondamentale per garantire che l'IA sia utilizzata in modo responsabile, equo e vantaggioso per l'umanità.

Capitolo 5: Sviluppo e implementazione dell'Intelligenza Artificiale

Nel quinto capitolo di questo libro sull'Intelligenza Artificiale, esploreremo il processo di sviluppo e implementazione dell'IA. Ci concentreremo sugli aspetti chiave da considerare durante tutto il ciclo di vita di un progetto di IA, dall'ideazione alla messa in produzione. Esamineremo le fasi del processo, le metodologie di sviluppo e le best practice per garantire un'implementazione efficace e di successo.

5.1 Definizione degli obiettivi e dei requisiti

La prima fase del processo di sviluppo dell'IA consiste nella definizione chiara degli obiettivi e dei requisiti del progetto. È importante comprendere le esigenze degli utenti finali e stabilire gli indicatori chiave di successo. Questa fase richiede una collaborazione stretta tra gli stakeholder e gli esperti di dominio per identificare le sfide specifiche che l'IA deve affrontare e definire gli obiettivi misurabili da raggiungere.

5.2 Raccolta e preparazione dei dati

L'IA richiede dati di alta qualità per

l'addestramento e l'apprendimento. In questa fase, vengono raccolti i dati pertinenti, sia strutturati che non strutturati, che saranno utilizzati per l'addestramento degli algoritmi di IA. È importante garantire che i dati siano rappresentativi e accurati, evitando bias o dati mancanti. La preparazione dei dati può richiedere attività come la pulizia dei dati, la normalizzazione e la trasformazione per renderli idonei all'uso nell'addestramento dei modelli di IA.

5.3 Scelta dei modelli e dell'algoritmo

In questa fase, vengono selezionati i modelli di IA e gli algoritmi più adatti per il problema specifico. Esistono diversi approcci di apprendimento automatico, come le reti

neurali, gli alberi decisionali e gli algoritmi di

clustering. La scelta dipende dalla natura dei

dati, dal tipo di problema e dagli obiettivi del

progetto. È fondamentale considerare le

prestazioni, la complessità e l'interpretabilità

dei modelli selezionati.

5.4 Addestramento e validazione dei modelli

Una volta selezionati i modelli, vengono

addestrati utilizzando i dati preparati nella fase

precedente. Durante l'addestramento, i modelli

imparano a riconoscere pattern e a prendere

decisioni basate sui dati di addestramento.

Capitolo 6: L'Intelligenza Artificiale nel futuro

Nel sesto capitolo di questo libro sull'Intelligenza Artificiale, esploreremo il futuro dell'IA e le sue potenziali evoluzioni. Analizzeremo le tendenze emergenti e le sfide che potrebbero sorgere, nonché le opportunità che l'IA potrebbe offrire nell'affrontare le sfide globali.

6.1 Intelligenza Artificiale generale

Una delle prospettive future dell'IA è lo sviluppo dell'Intelligenza Artificiale Generale (AGI), un'intelligenza artificiale che possiede una vasta gamma di abilità simili a quelle umane. Mentre l'IA attuale è spesso specializzata in compiti specifici, l'AGI mira a comprendere, apprendere e svolgere una vasta gamma di compiti come un essere umano. Lo sviluppo di un AGI solleva sfide complesse, come la comprensione del pensiero umano e la consapevolezza di sé, ma potrebbe aprire nuovi orizzonti nell'assistenza umana e nella risoluzione di problemi complessi.

6.2 Interazione uomo-macchina

L'interazione tra esseri umani e macchine sta diventando sempre più importante nel campo dell'IA. Mentre l'IA si evolve, le interfacce utente più intuitive e naturali diventano cruciali. L'IA può essere utilizzata per migliorare l'interazione uomo-macchina attraverso la comprensione del linguaggio naturale, la rilevazione delle emozioni e l'adattamento alle preferenze individuali degli utenti. Ciò apre nuove possibilità nelle interazioni quotidiane con i dispositivi intelligenti e potenzialmente nel superamento delle barriere linguistiche e culturali.

6.3 Etica e responsabilità

L'etica e la responsabilità nell'IA

continueranno a essere questioni fondamentali nel futuro. Man mano che l'IA diventa sempre più autonoma e complessa, diventa cruciale affrontare i dilemmi etici e stabilire regolamentazioni adeguate. Le decisioni algoritmiche devono essere prese in considerazione in termini di equità, giustizia, privacy e impatto sociale. È importante coinvolgere esperti di etica e stakeholder nella definizione dei principi guida e delle normative per l'utilizzo responsabile e sicuro dell'IA.

6.4 Impatto socioeconomico

L'IA continuerà ad avere un impatto significativo sulle attività umane e sul mercato del lavoro. Alcuni lavori potrebbero essere automatizzati, mentre altri potrebbero evolversi e richiedere competenze complementari all'IA. È fondamentale sviluppare strategie per affrontare l'impatto socioeconomico dell'IA, come la riqualificazione professionale, il sostegno al reddito e la creazione di nuove opportunità di lavoro nell'ecosistema dell'IA.

6.5 Sfide e rischi futuri

Mentre l'IA progredisce, è importante valutare e mitigare i rischi e le sfide che potrebbero sorgere. Ciò include il controllo dell

'IA, l'affidabilità e la sicurezza dei sistemi

autonomi, la protezione dalla manipolazione e

dalla manipolazione delle informazioni, nonché

la prevenzione di possibili scenari di

intelligenza artificiale malevola. La ricerca e lo

sviluppo etico e responsabile dell'IA sono

cruciali per garantire un futuro sostenibile e

positivo.

In questo capitolo, abbiamo esplorato il futuro

dell'IA e le sue possibili evoluzioni.

Dall'Intelligenza Artificiale Generale

all'interazione uomo-macchina, dall'etica e

responsabilità all'impatto socioeconomico e

alle sfide future, l'IA continuerà a plasmare il

nostro mondo. È importante adottare una

visione lungimirante, considerando sia le

opportunità che i rischi, al fine di garantire che l'IA sia sviluppata e implementata nel rispetto dei valori umani e per il beneficio dell'intera società.

Capitolo 7: Intelligenza Artificiale e settori applicativi

Nel settimo capitolo di questo libro sull'Intelligenza Artificiale, esploreremo come l'IA viene applicata in vari settori e settori dell'attività umana. Analizzeremo le diverse applicazioni dell'IA, i vantaggi che offre e le sfide specifiche che sorgono in ciascun settore.

7.1 Medicina e assistenza sanitaria

L'IA sta rivoluzionando il settore della medicina e dell'assistenza sanitaria. Viene utilizzata per l'analisi di immagini mediche, la diagnosi di malattie, la previsione di risultati clinici, la scoperta di nuovi farmaci e molto altro ancora. L'IA può aiutare i medici a prendere decisioni più accurate, migliorare la gestione dei dati sanitari e personalizzare le cure. Tuttavia, ci sono sfide legate alla privacy dei dati, alla responsabilità delle decisioni algoritmiche e all'accettazione da parte degli operatori sanitari che devono essere affrontate per un'adozione diffusa e sicura dell'IA in campo medico.

7.2 Trasporti e mobilità

L'IA ha un impatto significativo nel settore dei trasporti e della mobilità. È utilizzata per la guida autonoma dei veicoli, l'ottimizzazione del traffico, la gestione delle flotte e la pianificazione dei percorsi. L'IA può migliorare la sicurezza stradale, ridurre la congestione del traffico e rendere i trasporti più efficienti ed ecologici. Tuttavia, ci sono sfide riguardanti la sicurezza delle auto autonome, la regolamentazione del settore e la transizione verso una mobilità sostenibile che richiedono

attenzione e soluzioni adeguate.

7.3 Finanza e settore bancario

L'IA viene applicata anche nel settore

finanziario e bancario. È utilizzata per l'analisi

dei dati finanziari, la valutazione del rischio

creditizio, la prevenzione delle frodi e il trading

algoritmico. L'IA può migliorare la velocità e

l'accuratezza delle transazioni finanziarie,

nonché l'identificazione di modelli e anomalie

nel mercato finanziario. Tuttavia, è necessario

prestare attenzione alla sicurezza dei dati

finanziari, alla trasparenza delle decisioni

algoritmiche e all'etica nel settore per garantire

un utilizzo responsabile e fidato dell'IA.

7.4 Educazione e apprendimento

L'IA sta anche influenzando il settore dell'educazione e dell'apprendimento. Viene utilizzata per personalizzare l'insegnamento, creare strumenti di apprendimento interattivi, valutare le prestazioni degli studenti e fornire feedback personalizzato. L'IA può aiutare gli insegnanti a identificare le esigenze degli studenti, migliorare i tassi di successo scolastico e facilitare l'apprendimento a distanza. Tuttavia, ci sono considerazioni riguardanti la privacy dei dati degli studenti, l'equità nell'accesso all'istruzione e il ruolo degli insegnanti nell'era dell'IA che richiedono una riflessione approfondita.

7.5 Industria e produzione

L'IA sta trasformando anche il settore industriale e della produzione. Viene utilizzata per l'automazione dei processi, il monitoraggio degli impianti, la manutenzione predittiva e l'ottimizzazione della catena di fornitura. L'IA può migliorare l'efficienza, la qualità e la sicurezza dei processi produttivi, nonché ridurre i tempi di inattività e gli sprechi. Tuttavia, ci sono sfide riguardanti la sicurezza dei sistemi industriali, l'adattamento delle competenze dei lavoratori e l'impatto socioeconomico della trasformazione digitale che devono essere affrontate per una transizione armoniosa verso l'industria 4.0.

In questo capitolo, abbiamo esplorato le applicazioni dell'IA in diversi settori e settori dell'attività umana. Dalla medicina alla mobilità, dalla finanza all'educazione e all'industria, l'IA offre opportunità di innovazione e miglioramento. Tuttavia, ogni settore presenta sfide uniche che richiedono attenzione e soluzioni specifiche. L'adozione dell'IA in modo responsabile e consapevole, considerando i benefici e le implicazioni, è fondamentale per sfruttare appieno il potenziale di questa tecnologia in tutti i settori.

Capitolo 8: Etica nell'Intelligenza Artificiale

Nell'ottavo capitolo di questo libro

sull'Intelligenza Artificiale, approfondiremo il

tema dell'etica nell'IA. Esploreremo le

questioni etiche sollevate dall'uso dell'IA, i

principi guida per un'IA etica e le sfide

nell'applicazione di tali principi.

8.1 Questioni etiche nell'IA

L'IA solleva diverse questioni etiche che richiedono una riflessione approfondita. Una delle principali preoccupazioni riguarda la trasparenza e l'interpretabilità delle decisioni algoritmiche. È importante che gli utenti comprendano come vengono prese le decisioni e che siano in grado di contestarle o richiedere spiegazioni in caso di risultati non desiderati. Altre questioni etiche includono il rispetto della privacy e della protezione dei dati, l'equità nell'utilizzo dell'IA e l'impatto sociale dell'automazione dei lavori umani.

8.2 Principi guida per un'IA etica

Per affrontare le questioni etiche nell'IA, sono stati proposti diversi principi guida. Uno dei principali è l'equità, che richiede che l'IA sia sviluppata e utilizzata in modo tale da evitare discriminazioni ingiuste o pregiudizievoli nei confronti di determinati gruppi. Altri principi includono la trasparenza, che richiede la rendicontazione e l'apertura riguardo alle decisioni algoritmiche, e la responsabilità, che attribuisce la responsabilità agli sviluppatori e agli utenti dell'IA per le sue conseguenze. Altri principi guida includono la sicurezza, la privacy, la sostenibilità e il benessere umano.

8.3 Sfide nell'applicazione dei principi etici

L'applicazione dei principi etici nell'IA può incontrare diverse sfide. Una delle sfide principali è la traduzione dei principi astratti in linee guida pratiche che possono essere implementate. Ciò richiede un'analisi approfondita delle implicazioni etiche in ogni fase del ciclo di vita dell'IA, dalla progettazione all'implementazione. Inoltre, l'IA può sollevare questioni etiche complesse che richiedono bilanciamenti tra valori contrastanti. Ad esempio, l'equilibrio tra privacy e utilità può essere difficile da raggiungere in alcune applicazioni dell'IA.

8.4 Governance e regolamentazione dell'IA

La governance e la regolamentazione dell'IA svolgono un ruolo chiave nell'assicurare un utilizzo etico dell'IA. È importante che gli sviluppatori, gli utenti e gli esperti di etica siano coinvolti nel processo decisionale riguardante l'IA. Le organizzazioni e le istituzioni devono stabilire linee guida e standard per garantire un utilizzo responsabile dell'IA e prevenire abusi. La collaborazione tra settori pubblici e privati è essenziale per sviluppare regolamenti adeguati che tengano conto delle sfide etiche e tecnologiche associate all'IA.

8.5 Formazione ed educazione sull'IA etica

Infine, la formazione ed educazione sull'IA etica sono fondamentali per garantire una consapevolezza diffusa e una comprensione delle questioni etiche. Gli sviluppatori, gli utenti e il pubblico in generale dovrebbero essere formati sui principi etici dell'IA, sui rischi

associati e sulle buone pratiche per mitigare

tali rischi. L'integrazione di corsi sull'IA etica

nelle scuole e nelle università, nonché la

promozione di discussioni pubbliche sul tema,

possono contribuire a una maggiore

consapevolezza e responsabilità nell'uso

dell'IA.

In questo capitolo, abbiamo approfondito il

tema dell'etica nell'IA. Dalle questioni etiche

sollevate dall'IA ai principi guida per un'IA

etica, dalle sfide nell'applicazione di tali

principi alla governance e regolamentazione

dell'IA e all'importanza della formazione sull'IA

etica, è cruciale considerare gli aspetti etici

nell'evoluzione e nell'implementazione dell'IA.

L'obiettivo è sviluppare e utilizzare l'IA in modo

responsabile, equo, sicuro e sostenibile per il

bene dell'umanità.

Capitolo 9: Impatto socioeconomico dell'Intelligenza Artificiale

Nel nono capitolo di questo libro sull'Intelligenza Artificiale, esamineremo l'impatto socioeconomico dell'IA. Analizzeremo le trasformazioni che l'IA sta apportando all'economia, al mercato del lavoro e alla società nel suo complesso. Esploreremo i benefici e le sfide che derivano dall'adozione dell'IA e le possibili strategie per mitigare gli effetti negativi.

9.1 Trasformazione economica

L'IA sta rivoluzionando l'economia in vari modi.

Da un lato, l'IA offre opportunità di innovazione, miglioramento dell'efficienza e sviluppo di nuovi prodotti e servizi. Dall'altro, l'IA può anche comportare cambiamenti strutturali, come l'automazione di determinati compiti, che possono influire sulla distribuzione del reddito e sulla competitività economica. È essenziale che le politiche economiche si adattino a questa trasformazione, promuovendo la crescita inclusiva e garantendo una distribuzione equa dei benefici.

9.2 Impatto sul mercato del lavoro

L'IA avrà un impatto significativo sul mercato del lavoro. Da un lato, alcune attività lavorative saranno automatizzate, il che potrebbe portare a una riduzione di posti di lavoro in determinati settori. Dall'altro, l'IA creerà anche nuove opportunità di lavoro, richiedendo competenze specifiche nell'interazione con i sistemi intelligenti. Tuttavia, ci sono preoccupazioni riguardo alla disoccupazione tecnologica e all'adattamento delle competenze dei lavoratori all'era dell'IA. È fondamentale investire nella formazione e nella riqualificazione dei lavoratori per garantire una transizione fluida verso un'economia basata sull'IA.

9.3 Disuguaglianze sociali ed etiche

L'adozione dell'IA può anche contribuire

all'accentuazione delle disuguaglianze sociali ed economiche. Ciò può accadere se le opportunità di utilizzo e accesso all'IA non sono distribuite in modo equo, se le decisioni algoritmiche sono influenzate da pregiudizi o se si verificano discriminazioni ingiuste nell'implementazione dell'IA. È cruciale adottare politiche e regolamenti che promuovano l'equità e l'inclusione nell'utilizzo dell'IA, oltre a garantire la trasparenza e la responsabilità delle decisioni algoritmiche.

9.4 Settori di crescita e opportunità

Nonostante le sfide e le preoccupazioni, l'IA offre anche molte opportunità e settori di crescita. Settori come la robotica, la sanità digitale, l'assistenza agli anziani, la cybersecurity, l'Internet delle cose e molti altri beneficeranno dell'applicazione dell'IA. L'IA può migliorare la produttività, l'efficienza e la qualità dei servizi, offrendo nuove opportunità di business e migliorando la qualità della vita delle persone. È importante sostenere l'innovazione e la ricerca nell'IA, favorendo l'interazione tra il settore pubblico e privato per massimizzare i benefici che l'IA può apportare alla società.

9.5 Regolamentazione e governance

La regolamentazione e la governance dell'IA sono essenziali per affrontare le sfide socioeconomiche associate alla sua adozione.

La creazione di regolamenti e normative adeguate può garantire una distribuzione equa dei benefici, proteggere i diritti dei lavoratori, promuovere la responsabilità degli attori coinvolti nell'IA e mitigare i rischi per la sicurezza e la privacy. Tuttavia, la regolamentazione dell'IA deve anche evitare di ostacolare l'innovazione e la competitività, trovando un equilibrio tra la protezione degli interessi pubblici e la promozione dello sviluppo dell'IA.

In questo capitolo, abbiamo esplorato l'impatto socioeconomico dell'IA. Dalla trasformazione economica al mercato del lavoro, dalle disuguaglianze sociali ed etiche alle opportunità di crescita e alle sfide associate all'adozione dell'IA, è fondamentale considerare gli aspetti socioeconomici per una corretta integrazione dell'IA nella società. La regolamentazione e la governance efficaci possono svolgere un ruolo cruciale nel garantire una transizione equa ed equa verso un futuro in cui l'IA sia un motore di progresso e benessere per tutti.

Capitolo 10: Futuro dell'Intelligenza Artificiale

Nel decimo capitolo di questo libro sull'Intelligenza Artificiale, esploreremo il futuro dell'IA. Analizzeremo le tendenze e le prospettive per lo sviluppo dell'IA e discuteremo delle sfide e delle opportunità che si presenteranno nel corso del tempo.

10.1 Tendenze e sviluppi futuri dell'IA

L'IA è un campo in rapida evoluzione e ci sono

diverse tendenze e sviluppi che plasmeranno il suo futuro. Una delle tendenze principali è l'integrazione dell'IA con altre tecnologie come l'IoT, la robotica e la realtà virtuale, consentendo l'emergere di sistemi intelligenti ancora più avanzati. L'apprendimento automatico e la capacità di adattamento dell'IA continueranno a migliorare, consentendo un'applicazione sempre più ampia e sofisticata. Inoltre, l'IA potrebbe evolvere verso un'intelligenza artificiale generale (AGI), che avrebbe la capacità di svolgere compiti complessi in modo autonomo e simile a un essere umano.

10.2 Sfide future dell'IA

Con lo sviluppo dell'IA, si presenteranno nuove sfide che richiederanno attenzione e risposte adeguate. Una delle principali sfide sarà l'etica dell'IA, come abbiamo esplorato nel capitolo 8. Dovranno essere affrontate le questioni di trasparenza, responsabilità, equità e sicurezza dell'IA. Altre sfide includono la privacy e la protezione dei dati, la fiducia pubblica nell'IA e il controllo delle decisioni algoritmiche. Inoltre, sarà necessario affrontare le implicazioni sociali ed economiche dell'adozione dell'IA, come discusso nel capitolo 9.

10.3 Opportunità future dell'IA

Nonostante le sfide, l'IA offre anche ampie

opportunità per il futuro. L'IA può trasformare molteplici settori, come la salute, la mobilità, l'energia, l'agricoltura, l'istruzione e molti altri. Può migliorare l'efficienza, la qualità dei servizi e l'esperienza utente in diversi contesti. Inoltre, l'IA può contribuire alla soluzione di problemi complessi come il cambiamento climatico, la gestione delle risorse e la cura della salute. Le opportunità future dell'IA sono illimitate e richiedono un'approccio lungimirante per sfruttare appieno il suo potenziale.

10.4 Collaborazione e regolamentazione internazionale

Data la portata globale dell'IA e le sue implicazioni transfrontaliere, la collaborazione e la regolamentazione internazionale saranno cruciali per garantire un utilizzo responsabile e sicuro dell'IA. La collaborazione tra paesi, istituzioni, organizzazioni e aziende può favorire lo scambio di conoscenze, il coordinamento delle politiche e l'adozione di standard comuni. La regolamentazione internazionale può contribuire a prevenire abusi, proteggere i diritti umani e promuovere l'uso etico e responsabile dell'IA a livello globale.

10.5 Riflessioni sul futuro dell'IA

Infine, è importante riflettere sul significato e sulle implicazioni del futuro dell'IA. Dovremmo considerare il ruolo dell'IA nella società e nel nostro modo di vivere. Dovremmo discutere e prendere decisioni informate sull'uso dell'IA, considerando gli impatti sociali, etici ed economici. Dovremmo anche promuovere la ricerca, l'innovazione e l'educazione nell'IA per preparare le future generazioni a un mondo in cui l'IA sarà sempre più presente.

In questo capitolo, abbiamo esplorato il futuro dell'IA. Dalle tendenze e sviluppi futuri all'emergere di nuove sfide e opportunità, è cruciale adottare una prospettiva a lungo termine e prepararsi per un futuro in cui l'IA avrà un ruolo sempre più rilevante. La collaborazione internazionale e la regolamentazione responsabile possono aiutarci a plasmare un futuro dell'IA che sia

equo, sostenibile e in grado di migliorare la

nostra vita e il nostro mondo.

Capitolo 11: Etica avanzata nell'Intelligenza Artificiale

Nel corso del capitolo 11, esploreremo l'importanza dell'etica avanzata nell'Intelligenza Artificiale (IA). Analizzeremo le sfide etiche complesse che sorgono con l'evoluzione dell'IA e discuteremo dei principali concetti e approcci per affrontare tali questioni.

11.1 Le sfide etiche nell'IA avanzata

L'avanzamento dell'IA porta con sé sfide etiche complesse. Una di queste sfide è rappresentata dalla responsabilità delle decisioni algoritmiche. Con l'IA che prende decisioni che hanno un impatto sulla vita delle persone, è essenziale comprendere e mitigare il rischio di pregiudizi e discriminazioni ingiuste. Altre sfide includono la sicurezza delle informazioni e la privacy dei dati, l'interazione uomo-macchina e il concetto di autonomia delle macchine intelligenti.

11.2 Concetti etici avanzati nell'IA

Per affrontare queste sfide, sono emersi concetti etici avanzati nell'IA. Uno di questi è l'etica dei dati, che richiede la raccolta, l'uso e la gestione responsabili dei dati nell'addestramento e nell'implementazione dei sistemi di intelligenza artificiale. L'etica dell'IA distribuita si concentra sulle interazioni complesse tra diversi agenti intelligenti e promuove la cooperazione e l'equità nelle decisioni condivise. Inoltre, l'etica dell'IA responsabile sottolinea la necessità di trasparenza, responsabilità e considerazione degli impatti sociali nell'adozione dell'IA.

11.3 Approcci all'etica avanzata nell'IA

Esistono vari approcci per affrontare l'etica avanzata nell'IA. Uno di questi è l'integrazione di principi etici fin dall'inizio dello sviluppo dell'IA, attraverso il concetto di "design etico". Questo implica considerare gli impatti sociali, etici e ambientali dell'IA durante la fase di progettazione e implementazione. Un altro approccio è quello di sviluppare sistemi di intelligenza artificiale "explainable" che consentano agli utenti di comprendere le ragioni dietro le decisioni prese dall'IA. Ciò promuove la trasparenza e la responsabilità delle decisioni algoritmiche.

11.4 Regolamentazione e governance dell'IA etica

La regolamentazione e la governance dell'IA etica svolgono un ruolo cruciale nell'assicurare che i principi etici vengano applicati e rispettati. Gli sforzi di regolamentazione dovrebbero stabilire standard e linee guida per garantire l'adozione responsabile dell'IA, proteggere i diritti individuali e promuovere la fiducia pubblica. La governance dell'IA etica richiede una collaborazione tra diverse parti interessate, compresi governi, organizzazioni internazionali, industrie e società civile.

11.5 Educazione sull'IA etica e responsabile

Infine, l'educazione sull'IA etica e responsabile è essenziale per preparare le persone a comprendere e affrontare le sfide etiche associate all'IA. Gli sforzi educativi dovrebbero coinvolgere sia i professionisti dell'IA che il pubblico in generale, promuovendo la consapevolezza, la comprensione e l'adozione di comportamenti etici nell'uso dell'IA.

In questo capitolo, abbiamo esplorato l'importanza dell'etica avanzata nell'IA. Dalle sfide etiche complesse che sorgono con l'evoluzione dell'IA ai concetti e agli approcci per affrontare tali questioni, l'etica nell'IA è fondamentale per garantire che l'IA venga sviluppata e utilizzata in modo responsabile e in linea con i valori umani. La regolamentazione, la governance e l'educazione sono elementi chiave per promuovere un approccio etico e responsabile nell'adozione dell'IA.

Capitolo 12 : L'IA nel mondo

L'utilizzo dell'Intelligenza Artificiale (IA) è

diffuso in tutto il mondo e molti paesi stanno

investendo risorse significative nello sviluppo e nell'implementazione di tecnologie basate sull'IA. Di seguito, fornirò una panoramica dei principali paesi che stanno attivamente utilizzando l'IA.

1. Stati Uniti: Gli Stati Uniti sono leader mondiali nello sviluppo e nell'uso dell'IA. Numerose grandi aziende tecnologiche come Google, Microsoft, Amazon e IBM hanno sede negli Stati Uniti e stanno investendo ingenti risorse nell'IA. Inoltre, molte università rinomate come Stanford, MIT e UC Berkeley conducono ricerche all'avanguardia nell'IA.

2. Cina: La Cina sta emergendo rapidamente

come un attore chiave nell'IA. Il governo cinese ha adottato una strategia di sviluppo nazionale chiamata "Made in China 2025", che include l'obiettivo di diventare leader mondiale nell'IA entro il 2030. Aziende cinesi come Baidu, Alibaba e Tencent stanno investendo massicciamente nell'IA e collaborano con università e centri di ricerca per promuovere l'innovazione nel settore.

3. Canada: Il Canada ha una forte presenza nel campo dell'IA grazie a istituti di ricerca di spicco come l'Università di Toronto e l'Università di Montreal. Inoltre, il governo canadese ha istituito il "Canada's Pan-Canadian AI Strategy" per promuovere la

ricerca e l'applicazione dell'IA nel paese. Molte aziende canadesi, tra cui Element AI e OpenAI, stanno contribuendo allo sviluppo dell'IA.

4. Regno Unito: Il Regno Unito ha un'eccellente reputazione nella ricerca e nell'innovazione nell'IA. Università come Oxford e Cambridge sono al centro della ricerca sull'IA. Inoltre, il governo britannico ha istituito il "AI Sector Deal" per sostenere l'IA nel paese e promuovere la collaborazione tra industria e istituzioni accademiche.

5. Giappone: Il Giappone ha una lunga tradizione nell'innovazione tecnologica e sta

investendo nell'IA per mantenere la sua posizione di leader. Aziende come Toyota, Honda e SoftBank stanno sviluppando applicazioni avanzate di IA, in particolare nell'ambito della robotica. Il governo giapponese ha anche istituito il "Japan's Artificial Intelligence Technology Strategy" per guidare gli sforzi di sviluppo dell'IA nel paese.

6. Germania: La Germania è un altro paese che sta investendo in modo significativo nell'IA. Il governo tedesco ha lanciato l'iniziativa "AI Made in Germany" per promuovere l'innovazione e l'applicazione dell'IA. Aziende come Siemens e Bosch stanno sviluppando soluzioni basate sull'IA per

vari settori industriali.

7. Francia: La Francia ha adottato una
strategia nazionale chiamata "AI for Humanity"
per sostenere l'IA in diversi settori, compresa
la salute, l'agricoltura e i trasporti. Il paese
ospita anche alcuni dei principali centri di
ricerca sull'IA, come il Paris-Saclay AI
Institute.

Questi sono solo alcuni dei paesi che stanno
attivamente utilizzando l'IA. Altri paesi come
Australia, Corea del Sud, Israele e molti altri
stanno anch'essi facendo progressi significativi
nell'adozione dell'IA. È importante notare che
l'utilizzo dell'IA varia da paese a paese a

seconda delle risorse disponibili, delle politiche

governative e delle priorità di investimento.

Capitolo 13 : Esempi nel campo medico

L'Intelligenza Artificiale (IA) sta giocando un

ruolo sempre più importante nel campo della

medicina, rivoluzionando diversi aspetti della

pratica medica. Di seguito, fornirò una

panoramica dei principali utilizzi dell'IA nella

medicina e dei momenti significativi in cui è

stata impiegata.

1. Diagnosi e immagini mediche: L'IA è stata

utilizzata per migliorare la precisione e l'efficienza delle diagnosi mediche. Ad esempio, algoritmi di apprendimento automatico sono stati sviluppati per l'interpretazione di immagini mediche, come radiografie, tomografie computerizzate (TC) e risonanze magnetiche (RM). L'IA può aiutare a identificare anomalie o lesioni, assistendo i medici nella diagnosi precoce di patologie come il cancro, le malattie cardiache e le lesioni cerebrali.

2. Assistenza robotica: La robotica assistita dall'IA viene utilizzata per supportare le procedure chirurgiche complesse. I robot chirurgici controllati tramite IA consentono ai

chirurghi di eseguire interventi più precisi e meno invasivi. Questo approccio riduce i tempi di recupero dei pazienti, minimizza il rischio di complicanze e migliora i risultati delle procedure.

3. Terapie personalizzate e medicina di precisione: L'IA viene impiegata per analizzare grandi quantità di dati clinici e molecolari al fine di sviluppare terapie personalizzate. L'analisi dei dati genomici, dei profili molecolari e dei dati di storia clinica dei pazienti consente di identificare i trattamenti più efficaci per individui specifici, ottimizzando così i risultati dei pazienti.

4. Monitoraggio e assistenza virtuale: L'IA può essere utilizzata per monitorare costantemente i segni vitali e i dati clinici dei pazienti. Ciò consente di individuare precocemente anomalie o cambiamenti nei parametri vitali, fornendo avvisi tempestivi ai professionisti sanitari. Inoltre, gli assistenti virtuali basati su IA possono fornire supporto ai pazienti nel monitoraggio delle loro condizioni di salute, rispondendo a domande comuni e offrendo suggerimenti per il benessere.

5. Prevenzione e gestione delle malattie: L'IA può essere impiegata per analizzare grandi insiemi di dati epidemiologici e predire

l'insorgenza di malattie o epidemie. Inoltre,

può aiutare a sviluppare programmi di

prevenzione mirati e a identificare le strategie

di gestione più efficaci per malattie specifiche.

È importante sottolineare che l'IA nella

medicina è ancora in continua evoluzione e

che il suo utilizzo richiede una valutazione

critica e la supervisione dei professionisti

sanitari. Tuttavia, l'IA offre un'enorme

promessa nel migliorare la precisione delle

diagnosi, l'efficacia dei trattamenti e

l'assistenza ai pazienti, aprendo nuove

frontiere per la medicina moderna.

Capitolo 14 : esempi nel Trading

L'utilizzo dell'Intelligenza Artificiale (IA) nel trading finanziario è diventato sempre più diffuso negli ultimi anni. L'IA viene impiegata per analizzare i dati finanziari, identificare modelli e tendenze, prendere decisioni di investimento e automatizzare le transazioni. Ecco una descrizione dettagliata dei principali utilizzi dell'IA nel trading.

1. Analisi dei dati: L'IA viene utilizzata per analizzare enormi quantità di dati finanziari provenienti da diverse fonti, come notizie, rapporti aziendali, dati di mercato e informazioni storiche sui prezzi. I modelli di machine learning e algoritmi di intelligenza artificiale sono applicati per identificare correlazioni, rilevare modelli di mercato e individuare opportunità di investimento.

2. Previsione dei prezzi: L'IA viene impiegata per prevedere i movimenti dei prezzi delle azioni, delle valute e di altri strumenti finanziari. Attraverso l'analisi dei dati storici e in tempo reale, l'IA può identificare pattern e tendenze che possono aiutare a fare previsioni

sulle fluttuazioni future dei prezzi.

3. Trading ad alta frequenza: L'IA viene
utilizzata per automatizzare il processo di
trading ad alta frequenza (HFT). Gli algoritmi
di trading ad alta frequenza basati sull'IA
possono analizzare i dati di mercato in tempo
reale e prendere decisioni di trading
rapidamente, eseguendo ordini in frazioni di
secondo. Questo approccio sfrutta le
opportunità di profitto a breve termine che si
presentano sul mercato.

4. Gestione del portafoglio: L'IA viene
impiegata per la gestione del portafoglio di
investimenti. Gli algoritmi di intelligenza

artificiale possono analizzare il profilo di rischio dell'investitore, le preferenze di investimento e le condizioni di mercato per proporre una strategia di investimento personalizzata. Inoltre, possono monitorare costantemente le prestazioni del portafoglio e apportare aggiustamenti in base alle condizioni di mercato.

5. Rilevamento di anomalie e gestione del rischio: L'IA viene utilizzata per individuare anomalie o comportamenti sospetti nel mercato finanziario. Gli algoritmi di intelligenza artificiale possono rilevare pattern insoliti nei dati di mercato che potrebbero indicare manipolazioni o altre attività illegali. Inoltre, l'IA

viene impiegata per gestire il rischio

finanziario, identificando e mitigando potenziali

perdite.

6. Trading algoritmico: L'IA viene impiegata

per sviluppare algoritmi di trading complessi.

Questi algoritmi possono combinare dati di

mercato, modelli matematici e indicatori tecnici

per prendere decisioni di trading in modo

autonomo. Il trading algoritmico basato sull'IA

può eseguire transazioni in modo rapido e

accurato, tenendo conto di vari parametri

come prezzi, volumi di negoziazione e liquidità

di mercato.

È importante notare che l'utilizzo dell'IA nel

trading finanziario solleva anche questioni di regolamentazione e di rischio. La complessità delle interazioni tra i mercati finanziari e l'IA richiede un'adeguata supervisione e una gestione attenta dei rischi per garantire un ambiente di trading equo e stabile.

Capitolo 15 : sex

L'utilizzo dell'intelligenza artificiale (IA) nell'ambito sessuale è un argomento complesso e controverso. L'IA può essere applicata in vari contesti, come la produzione

di contenuti erotici, la creazione di giocattoli

sessuali intelligenti, l'assistenza virtuale per la

salute sessuale e la personalizzazione

dell'esperienza sessuale. Di seguito, fornirò

una descrizione dettagliata su come l'IA può

influenzare l'ambito sessuale.

1. Produzione di contenuti erotici: L'IA può

essere utilizzata per generare contenuti erotici,

come immagini, video o storie. Grazie

all'apprendimento automatico, gli algoritmi

possono analizzare grandi quantità di dati

pornografici esistenti per creare nuovi

contenuti che sembrano autentici. Questa

tecnologia solleva preoccupazioni etiche,

come il potenziale abuso di immagini di persone senza il loro consenso o la diffusione di contenuti falsi.

2. Giocattoli sessuali intelligenti: L'IA può essere integrata nei giocattoli sessuali per migliorare l'esperienza degli utenti. Ad esempio, alcuni giocattoli sessuali sono dotati di sensori che rilevano le reazioni del corpo e adattano il livello di stimolazione in tempo reale. Alcuni modelli possono imparare le preferenze individuali dell'utente e personalizzare l'esperienza di conseguenza.

3. Assistenza virtuale per la salute sessuale: Gli assistenti virtuali basati sull'IA possono

fornire informazioni e risposte a domande riguardanti la salute sessuale. Questi assistenti possono essere programmati per offrire consigli su temi come l'educazione sessuale, le malattie sessualmente trasmissibili, le pratiche sicure e l'orientamento sessuale. Tuttavia, è importante notare che gli assistenti virtuali non possono sostituire completamente una consulenza professionale in materia di salute sessuale.

4. Personalizzazione dell'esperienza sessuale: L'IA può essere utilizzata per personalizzare l'esperienza sessuale degli individui. Ad esempio, i siti web di incontri possono utilizzare l'IA per suggerire potenziali partner

compatibili in base alle preferenze e ai dati personali. Inoltre, alcuni algoritmi di IA possono analizzare i dati di utilizzo dei siti web per suggerire contenuti o prodotti sessuali specifici in base alle preferenze degli utenti.

È importante sottolineare che l'utilizzo dell'IA nell'ambito sessuale presenta anche questioni etiche e di privacy. È fondamentale garantire il consenso e rispettare la privacy degli individui coinvolte. Inoltre, è necessario valutare attentamente i rischi e i benefici delle applicazioni dell'IA nell'ambito sessuale per evitare abusi o problematiche legate all'utilizzo improprio dei dati personali.

Capitolo 16 : ambito legale

L'intelligenza artificiale (IA) sta rivoluzionando l'ambito legale e processuale, offrendo nuove opportunità per l'automazione di attività, l'analisi dei dati e il supporto decisionale. Di seguito, fornirò una descrizione dettagliata di come l'IA può influire nell'ambito legale e processuale.

1. Ricerca giuridica: L'IA viene utilizzata per accelerare e migliorare la ricerca giuridica. Gli algoritmi di machine learning possono analizzare grandi quantità di dati legali, come casi giudiziari precedenti, normative e giurisprudenza, per identificare precedenti

pertinenti, argomenti legali rilevanti e giudizi correlati. Ciò aiuta gli avvocati e i giudici a svolgere ricerche approfondite in tempi più brevi, fornendo una migliore comprensione del contesto legale.

2. Analisi predittiva: L'IA viene impiegata per l'analisi predittiva nel contesto legale. Attraverso l'elaborazione di dati storici, l'IA può prevedere l'esito di casi giudiziari, calcolare probabilità di successo e fornire una stima delle sentenze. Questo può essere utile per gli avvocati nell'elaborazione di strategie legali, nella valutazione dei rischi e nella consulenza ai clienti.

3. Automazione dei documenti legali: L'IA viene utilizzata per automatizzare la creazione e la revisione di documenti legali. Gli algoritmi di IA possono estrarre informazioni rilevanti dai documenti, generare modelli di contratti standardizzati e assistere nella revisione di accordi legali. Ciò consente un processo più efficiente nella gestione dei documenti legali e riduce il rischio di errori umani.

4. Rilevamento delle frodi: L'IA viene impiegata per identificare potenziali frodi nell'ambito legale. Gli algoritmi di apprendimento automatico possono analizzare i dati finanziari, transazioni e comportamenti sospetti per individuare attività fraudolente,

come frodi assicurative o evasione fiscale.
Questo aiuta le autorità competenti e gli studi
legali a identificare e prevenire comportamenti
illegali.

5. Supporto decisionale giudiziario: L'IA può
supportare i giudici nella presa di decisioni,
fornendo un'analisi accurata e oggettiva dei
fatti e delle prove presentate. Gli algoritmi di IA
possono elaborare informazioni e
argomentazioni legali, suggerire linee guida
giuridiche e fornire una valutazione
dell'affidabilità delle prove presentate. Questo
supporto decisionale può essere utilizzato
come strumento ausiliario per aiutare i giudici
a prendere decisioni informate e consistenti.

È importante sottolineare che, nonostante i vantaggi, l'utilizzo dell'IA nell'ambito legale solleva anche questioni etiche e di privacy. È fondamentale garantire la trasparenza, la responsabilità e il rispetto dei principi legali e delle norme etiche nella progettazione e nell'utilizzo dei sistemi basati sull'IA.

Capitolo 17 : chi la teme ?

Ci sono diverse personalità di spicco e ricercatori nel campo dell'intelligenza artificiale (IA) che hanno espresso preoccupazione riguardo al potenziale impatto negativo dell'IA sull'umanità. Tuttavia, è importante sottolineare che le opinioni variano e non rappresentano necessariamente il consenso generale. Di seguito, fornirò una panoramica dei punti di vista di alcune personalità che hanno sollevato preoccupazioni sull'IA e l'estinzione della razza umana.

1. Elon Musk: L'imprenditore Elon Musk, fondatore di SpaceX e Tesla, ha espresso preoccupazione per i rischi legati all'IA. Ha definito l'IA "la più grande minaccia esistenziale per l'umanità" e ha sostenuto la necessità di regolamentare e monitorare attentamente lo sviluppo dell'IA per prevenire

potenziali scenari negativi.

2. Stephen Hawking: Il celebre fisico teorico Stephen Hawking ha affermato che "lo sviluppo completo dell'intelligenza artificiale potrebbe significare la fine della razza umana". Hawking ha sottolineato la necessità di controllare attentamente l'IA per evitare che superi le capacità umane e diventi incontrollabile.

3. Bill Gates: Il cofondatore di Microsoft, Bill Gates, ha espresso preoccupazione per l'IA e ha sostenuto la necessità di sviluppare norme etiche e regolamentazioni appropriate. Ha affermato che l'IA potrebbe essere sia un

fattore positivo che negativo per l'umanità, affermando che "potrebbe aiutarci o potrebbe essere il nostro peggior nemico".

4. Nick Bostrom: Il filosofo svedese Nick Bostrom ha dedicato gran parte del suo lavoro alla comprensione dei rischi associati all'IA e alla possibilità di un'eventuale "esplosione dell'intelligenza". Bostrom sostiene che potrebbe essere difficile prevedere come un'intelligenza artificiale superintelligente potrebbe interagire con l'umanità e che dovrebbero essere adottate misure precauzionali per garantire la nostra sicurezza.

È importante notare che, sebbene queste

personalità abbiano espresso preoccupazioni sull'IA, ci sono anche molti esperti che sottolineano i benefici e le opportunità che l'IA può portare all'umanità. La discussione sui rischi associati all'IA è in corso e molte organizzazioni stanno lavorando per sviluppare principi etici e linee guida per garantire un utilizzo sicuro e responsabile dell'IA.

Capitolo 18 : alcuni dati

Ecco alcuni dati statistici a sostegno dell'intelligenza artificiale (IA):

1. Crescita del mercato dell'IA: Secondo un rapporto di Statista, il mercato globale dell'IA è previsto raggiungere un valore di 190 miliardi di dollari entro il 2025, evidenziando una crescita significativa rispetto ai 10,1 miliardi di dollari registrati nel 2018.

2. Impatto economico dell'IA: Un rapporto del World Economic Forum stima che entro il 2025 l'IA potrebbe contribuire a un valore aggiunto globale di circa 15,7 trilioni di dollari, rappresentando una percentuale significativa del PIL mondiale.

3. Settori influenzati dall'IA: Secondo una ricerca di PwC, i settori che trarranno

maggiore beneficio dall'IA entro il 2030 includono l'assistenza sanitaria, l'automotive, l'energia, il retail e la manifattura.

4. Automazione del lavoro: Uno studio dell'Organizzazione per la Cooperazione e lo Sviluppo Economico (OCSE) ha rilevato che circa il 14% dei lavori attuali in 32 paesi industrializzati potrebbe essere automatizzato con successo utilizzando tecnologie basate sull'IA.

5. Miglioramento delle prestazioni aziendali: Secondo una ricerca di McKinsey, il 63% delle aziende che utilizzano l'IA ha riportato un aumento delle proprie prestazioni aziendali.

6. Riduzione dei costi operativi: Un report di Accenture afferma che l'IA potrebbe ridurre i costi operativi delle imprese di circa il 22% entro il 2035, grazie all'automazione di processi e all'efficienza operativa.

7. Assistenza sanitaria basata sull'IA: Secondo uno studio pubblicato sul Journal of Medical Internet Research, l'implementazione dell'IA nella sanità potrebbe ridurre i costi sanitari annuali negli Stati Uniti di circa 150 miliardi di dollari entro il 2026.

8. Miglioramento dell'esperienza del cliente:

Un sondaggio di Oracle ha rivelato che il 78% delle aziende ritiene che l'IA possa migliorare l'esperienza del cliente.

9. Innovazione tecnologica: Secondo il Global AI Adoption Index 2021 di Morning Consult, il 40% delle organizzazioni a livello globale sta investendo in tecnologie basate sull'IA per guidare l'innovazione e la trasformazione digitale.

10. Investimenti nell'IA: Secondo un rapporto di IDC, gli investimenti globali nell'IA e nelle tecnologie correlate potrebbero raggiungere i 110 miliardi di dollari entro il 2024.

Questi dati statistici evidenziano l'importanza crescente dell'IA in diversi settori e il suo potenziale impatto economico e tecnologico. Tuttavia, è importante considerare che l'utilizzo dell'IA solleva anche questioni etiche e di responsabilità che devono essere affrontate adeguatamente.

Ringraziamenti:

Desidero esprimere i miei più sinceri

ringraziamenti a tutti coloro che hanno

dedicato il loro tempo alla lettura di questo libro sull'intelligenza artificiale. Spero che sia stata un'esperienza interessante e arricchente per voi, offrendo un'ampia panoramica sull'argomento complesso e affascinante dell'IA.

Ringrazio in particolare coloro che hanno contribuito direttamente alla realizzazione di questo libro, compresi gli esperti nel campo dell'IA, gli autori di riferimento e le persone che hanno fornito informazioni e consigli preziosi lungo il percorso.

Arrivati alla fine di questa lettura, auspico che abbiate acquisito una migliore comprensione dell'intelligenza artificiale, delle sue applicazioni e delle implicazioni che essa comporta per la nostra società. L'IA sta cambiando il modo in cui viviamo, lavoriamo e interagiamo, e spero che questo libro abbia contribuito a illuminare alcuni dei suoi aspetti fondamentali.

Vi invito gentilmente a condividere il vostro feedback su questo libro. Ogni commento, suggerimento o osservazione che vorrete condividere saranno molto apprezzati, in quanto mi aiuteranno a migliorare le future opere. Siete liberi di esprimere sia feedback positivi che critiche costruttive, poiché ciò mi aiuterà a offrire contenuti sempre più utili e di qualità.

Ancora una volta, vi ringrazio di cuore per avermi accompagnato in questa esplorazione sull'intelligenza artificiale. Spero che il libro sia stato informativo e stimolante, e che continuiate a seguire gli sviluppi dell'IA nel nostro mondo sempre più interconnesso.

I migliori saluti,

Thomas Jane Roll

Il seguente testo è basato su dati reperibili in libri, pubblicazioni accademiche e altre fonti attendibili. Gli sforzi sono stati fatti per garantire l'accuratezza e la correttezza delle informazioni presentate. Tuttavia, non posso garantire che tutte le informazioni siano aggiornate o riflettano gli sviluppi più recenti in determinati settori o campi di studio.

Il testo è stato scritto a fini didattici e informativi, con l'intento di fornire una panoramica generale su determinati argomenti o concetti. Non si intende sostituire il consiglio o la consulenza di professionisti qualificati in un dato campo. Si consiglia di ricorrere a fonti aggiuntive e a esperti appropriati per ottenere informazioni specifiche e dettagliate su un particolare argomento trattato nel testo. L'autore e gli editori non si assumono alcuna responsabilità per eventuali errori, omissioni o imprecisioni nel testo o per le conseguenze derivanti dall'uso o dall'applicazione delle informazioni in esso contenute. Si declina ogni responsabilità per eventuali danni diretti,